虹の橋へ旅立った
あの子が教えてくれること

先崎直子
獣医師

井手敏郎
一般社団法人
日本グリーフ専門士協会代表理事
公認心理師

自由国民社

はじめに

「もう二度と動物たちと暮らしたくない」

飼い主さんからのこの言葉を聞くとき、獣医師として無力感を覚えたものです。

動物病院ではさまざまな感情が行き交います。

「うちの子、この間こんなことしたんですよ！」

爪切りやワクチン接種などで動物病院を訪れる飼い主さんは、我が子のほほ笑ましいエピソードをお話になります。飼い主さんのお顔はニコニコです。

一方で、病を抱え、お別れが近くなった飼い主さんは、

「この子がいなくなったらどうしよう……」

と不安を口にされることも少なくありません。

ここで、愛犬を亡くしたある飼い主さんからいただいたお手紙を紹介いたします。私がまだ獣医師になりたての頃にいただいたものです。

「できる限りのことをしてあげられた、という気持ちはあります。でも、介護をしていたときは、世界で自分がたった一人になってしまったような孤独の中にいました。正直つらかったです。もうそういう想いはしたくないので、今後新しい子を迎えるつもりはありません」

この手紙を読ませていただき、私は、病気の治療を行うだけでは飼い主さんと動物たちのしあわせにはつながらないのだと痛感したのです。

自分には何ができるだろう。私の模索の日々がスタートしました。

人と動物との関係をあらゆる角度から学び、どんな状態の中でも、できる限り動物たちと飼い主さんにしあわせな時間を過ごしてほしいという想いで診療にたずさわってきましたが、愛する子を看取るまでの苦悩、そして、死別の哀しみは簡単に癒えるものではありません。どのような気持ちを抱えていてもおかしくはなく、また、どのような気持ちであっても受け止めてくれるつながりが必要になります。

私自身、動物と暮らす飼い主でもあり、2019年1月に愛犬いおを亡くし、さまざまな想いが沸き起こることを実感している一人です。愛する存在を失った哀しみがどれだけ深いかを知る一方で、動物たちと過ごす時間がどれだけ楽しくしあわせなものかを身に沁みて感じています。

「うちの子になってくれてありがとう」
「ともに過ごした日々はしあわせだった」

そして

「また動物たちと暮らしたい」

目の前の飼い主さんにいつか、そう思える日がきてほしい。その想いでたどり着いたのが、グリーフケアという取り組みです。グリーフとは喪失体験をした際の「悲嘆反応」のこと。ペットロスは大切な存在である動物たちを失って抱えるグリーフです。

私は現在、日本グリーフ専門士協会の活動の中で、大切な存在をなくした方が集う「わかちあいの会」やカウンセリング等にたずさわり、ペットロスを抱えた多くの方と向き合っています。

亡くなったペットたちは、飼い主とまた会えるのを待ち、再会した飼い主とともに虹の橋を渡るといわれることがあります。私が伺ったお話は、そんなペットたちが教えてくれる大切なエピソードばかりでした。

他の方が体験したエピソードに触れることが、哀しみを癒す助けとなることがあります。そこで本書では多くの方からお聞きしたエピソードと、私、先崎自身が獣医師として現場で感じてきたことをお伝えしたいと思います。さらにコラム欄にて、同じくグリーフやペットロスのサポートにたずさわってきた公認心理師の井手が記した悲嘆の研究や心理臨床の知見も、あなたの支えになるはずです。

誰もが避けることのできない死別。
ペットロスの哀しみの中にある方や、ペットたちと生活していらっしゃる皆さんに知っておいていただきたいことをこの一冊に込めました。

人生は哀しみで終わらない。
そのことを信じ、ページをめくっていただければ幸いです。

獣医師／（一社）日本グリーフ専門士協会理事　先崎直子

＊ともに暮らす動物のことは「伴侶動物」「コンパニオンアニマル」と呼ばれることが増えてきましたが、「ペット」という呼び方が一般的であることから、本書の中では「ペット」「動物」と表現しております。

＊本書で紹介している動物とのエピソードは、飼い主さんからお聞きした話の中で開示の同意を得たものをもとにしています。

＊本書では一般的な表現としての「悲しみ」に対し、情動に限らず、身体、認知、行動にも影響が及ぶ持続性の高い「悲嘆」を「哀しみ」とも表現しています。

もくじ

はじめに……2
コロが教えてくれたこと　結衣さん……15
ペットとお別れしたあなたに伝えたいこと①
認められにくい悲嘆……24
ユキちゃんの奇跡　ユキさん……27
ペットとお別れしたあなたに伝えたいこと②
グリーフの5つの反応……41

✽自閉症の息子とミー　慎一さん……45
ペットとお別れしたあなたに伝えたいこと③
自閉症や情緒障害を支えるペットたち……54
✽失われた日々、訪れた記憶　かなこさん……57
ペットとお別れしたあなたに伝えたいこと④
死別における4つの課題とは……67
✽生まれてきてくれてありがとう　瑠美さん……71
ペットとお別れしたあなたに伝えたいこと⑤
具体的な対処方法を考える……81

母から預けられたもの　みのりさん……85
ペットとお別れしたあなたに伝えたいこと⑥
高齢者の健康とペットたち……91
星空の下でまた会える　遼さん……95
ペットとお別れしたあなたに伝えたいこと⑦
援助を求めることの勧め……104
ふぅちゃんと紡いだ絆　しいちゃん……107
ペットとお別れしたあなたに伝えたいこと⑧
泣くことと笑うこと……120

✿ありがとうと言えるまで……125
ペットとお別れしたあなたに伝えたいこと⑨
心的外傷後の成長……136
おわりに……140
想い出ノート……150
引用・参考文献……154

コロが
教えてくれたこと

結衣さん

結衣さんの職業は看護師。前の子とお別れした7年後、新しく迎えた犬のサクラちゃんを連れて、健康診断のために私の勤める動物病院を訪れました。つき合いの長い結衣さんとは、いろいろなことを話す間柄です。

ある時、結衣さんがぽつっと

「先生は、なんで獣医さんになったの？」

と口にしました。

視線をサクラちゃんから結衣さんに移した私に、結衣さんは続けました。

「私が看護師になったのはね……」

そこから彼女が幼かった頃、ともに暮らした柴犬コロちゃんの話が始まりました。

私の小学生時代は、灰色の雲に覆われていました。いじめという名の嵐が、私の心に冷たい雨を降らせ続けていたのです。

共働きだった両親は友だちのいない私を心配して、ある年のクリスマスに特別なプレゼントをくれました。

赤いリボンをつけた茶色い子犬。手を差し出したときにペロッとなめてくれた感触は今でもよく覚えています。

コロコロとした姿を見て、

「この子はコロちゃんだ！」
とすぐに名前を決めました。

その日から学校にいるとき以外は、いつもコロと一緒。暗くなるまで外で遊び、夜も一緒に寝るようになりました。
コロと過ごす時間は今まで経験したことのないような、楽しい時間でした。学校での時間は相変わらず灰色だけど、悲しかったこと、悔しかったことを聞いてくれたのがコロでした。

私が泣くといつも頬をぺろぺろとなめて、涙を拭ってくれました。コロが、私の心にかかる灰色の雲を少しずつ晴らしてくれたのです。

弟のように大切な存在のコロ。私は彼から、日々を生きていく勇気と、自分も必要とされているという感覚をもらいました。

高校生になると、学校でいじめられることはなくなりましたが、かといって、心を許せる友だちがいたわけでもありませんでした。相変わらずコロが心の支えだったのです。

コロは、私にとっての太陽でした。でも、太陽もいつかは沈むもの。残念ながら、犬は人間より早く年を取ります。

頭ではわかっていたけれど、認めたくなかった。年老いて、心臓に持病は持っていたけれど、何となくこのままずっとコロがいてくれるような、そんな気持ちで日々を過ごしていました。

高校2年生になったばかりのある日、コロは心臓発作を起こしてそのまま息を引き取りました。

コロが亡くなったとき、私の世界は再び暗闇に包まれたようでした。真っ暗な世界の中、自分ひとりしかいないような、孤独とさみしさで気が変になりそうでした。私は眠れない日々が続き、食欲も落ちてしまいました。

「いつまでくよくよしているの」

「来年は受験生なんだからしっかりしなさい」

そんな両親の言葉を受け止めることはできませんでした。

「誰も私のことをわかってくれない……」

コロの写真を見ては涙を流す日々が続きました。


3年以上の時が過ぎ、写真を見て涙ぐむことも減ってきた頃、コロが私に教えてくれたことが思い浮かぶようになってきたのです。それは愛と温もりを分かち合うことの大切さでした。

いつかコロ以外の誰かと、愛やぬくもりを分かち合うことができるだろうか……。漠然とですが、そんなことを考えるようになりました。

その後、私は看護師の道を選びます。コロは亡くなってしまったけれど、コロが私に与えてくれたものを他の人に返していければと思ったのです。

でも、毎日を忙しく過ごすうちに、コロを思い出すこともどんどん減っていきました。そんなある日、勤めている病院にセラピー犬がやって来ました。何と、コロにそっくりな柴犬だったのです。

その子は、かつてコロがしてくれたように、私の手をペロペロとなめてくれました。その瞬間、コロと過ごした日々の記憶が鮮やかによみがえり、とめどもなく涙があふれました。

私を看護師の道へ導いてくれたコロ。今も私の心に、その小さな足跡を残し続けています。

職場でコロちゃんによく似た柴犬と出会ってから、結衣さんはコロちゃんと過ごした日々をよく思い出すようになったそうです。コロちゃんの愛は時間を超えてあり続けている。結衣さんが看護師としてたくさんの人を支えていけるよう、見守ってくれているような気がしてなりません。

認められにくい悲嘆

「また新しいペットを飼ってみたら？」

そんななぐさめならぬ言葉を耳にしたことがあります。子どもを亡くしたばかりの友人に「次の子を産んでみたら？」という言葉を口にする不適切さを理解することは難しくはないでしょう。他の存在と簡単に代替が可能と思えるような発言は、家族の心の痛みをさらに深めることになります。

テキサス州立大学の心理学部で教鞭を執るコルダロは、ペット喪失後の悲嘆反応やその経過は、重要な人と死別したときの反応や経過と類似しているとしています。にもかかわらず、日本国内においてのペットロスへの理解や社会的なサポートは、諸外国に比べて遅れが指摘され、決して多くはありません。牧師であり、悲嘆カウンセリングの分野で世界的に著名なドカは、ペットロスは「公認されない悲嘆」という概念に含まれることを示し、大きな哀しみを抱えているにもかかわらず、まわりから理解が得にくく、軽視されがちであるとしました。

ペットは無条件の愛を示してくれる存在にもなり得ます。仮に、私たちが社会的な立場を失い、周囲から距離を取られることがあっても、彼らの態度は変わりません。さらに言えば、たとえあなたが道を踏み外し、批判を受ける立場になったとしても、動物たちはそれらの評価で態度を覆すこともありません。それは、私たちにとってどれだけ大きな力になることでしょう。そのような関係を人に求めることは難しいかもしれません。

ペットとの関係は人間との関係を超えたものになり得るにもかかわらず、多くの場合、その重要性に気づかれていないのが実態です。また、喪失後の認識の違いは、ペットとともに暮らしてきた家族の間でも起きるため、家族間でもその哀しみを分かち合えない葛藤を抱くことが少なくありません。

何かを変えるためには、まずは知ってもらうこと。本書がその入り口になることを願います。

ユキちゃんの奇跡

ユキさん

結婚後、初めて我が家に迎えた動物は、ウサギのもんさんでした。もんさんは、たれ耳でふわふわの毛を持つ男の子。いろいろと情報を調べるうちに、ネットを通じてウサ友さんができました。もんさんを連れて、ウサ友さんと過ごす時間。それはとても楽しかった想い出です。

ウサギを通して交流を深めていたウサ友さんから聞いたお話で、とても印象深いエピソードがあります。

4年間の大学生活を終える半年前の、季節が秋に向かう頃のことだった。

故郷での就職が決まっていたので、春にはこの街を離れることになる。卒業を控えてせわしない日々を過ごしながらも、学生の間にどうしても学びたいことがあり、時間を工面して、ある教室に通い始めた。そこで出会ったのが彼だ。

波長の合う人で一緒にいるのが心地よく、距離が縮まっていくのに時間はかからなかったが、彼は時々私を戸惑わせた。落ち着いて理性的でありながら、本気か冗談かわからないいたずらをする。彼が私をからかっていたと知るのはずっと先のことだ。彼の真意を測りかねていた当時の私は、彼とのおつき合いにいささかの迷いを感じながら、日々を過ごしていた。

一人住まいの彼のマンションを初めて訪ねたときのことだ。部屋の片隅でカタカタと音がする。いぶかしがる私に、彼は「見てごらん」というしぐさをする。音のする方に目をやると、そこにいたのは1匹の小さなウサギだった。絵本に出てくるような、灰色の愛らしいウサギ。鼻をヒクヒク動かして、真っ黒な丸い瞳でこちらを見つめている。

一人暮らしの男子学生のマンションにウサギ。思いがけないことに、私はしばし言葉を失う。聞けば、当時彼が出入りしていた研究室からやって来たミニウサギなのだそうだ。仲間のウサギたちは実験に使われ、この1匹だけが残った。命拾いしたこの子も、ほどなく処分される運命だった。たった1

匹生き長らえたウサギが殺されるのが忍びなく、彼が連れ帰って飼っているのだという。

寒さが深まっていく季節だった。ケージは清潔に保たれ、暖かそうな毛布も用意されている。留守がちな一人暮らしだったが、ウサギに対して精一杯の心配りをしているのが感じられた。

ウサギをそっと抱き上げて見つめる彼の眼差しは優しく穏やかで、私は胸がいっぱいになった。それまで抱いていた不安や迷いが一気に払拭された瞬間だった。「ああ、この人はだいじょうぶ。信頼できる人」と確信したのだ。小さな命を慈しむ人に悪い人はいないと信じているから。

「この子の名前は何ていうの？」

と尋ねる私に
「名前はまだないんだ」

と彼は答える。

そして、その日その時、彼が戯れにつけたウサギの名前は「ユキちゃん」だった。それは私の名前ではないか。戸惑いつつ抗議する私の言葉は笑って受け流され、その日からウサギは「ユキちゃん」と呼ばれるようになったのだ。


春になり、私は遠く離れた故郷の街で働き始めた。毎晩電話でお互いのことを話し、その後は必ずウサギの話に及ぶ。

「ユキちゃんはどうしてるの？」

「元気にしてるよ。ユキちゃんにご飯をあげなきゃ」

それを聞いて私は安心する。

そろそろ、自分の名前でウサギを呼ぶのにも慣れてきた頃のことだ。月に一度、彼のマンションを訪ねてウサギの世話をし、語りかける。ユキちゃんは、私にとってもなくてはならない大切な存在になっていった。

3年あまりを離れて過ごした後、私たちは結婚した。楽しみにしていた夫とユキちゃんとの生活が始まったのだ。2人でユキちゃんのご飯を買いに行くのが週末の決まりごとになった。

休みの日に朝寝をしていると、ユキちゃんが水飲みをカタカタと鳴らして起きろと催促する。寒い日には自分で上手に毛布にくるまり、顔だけを毛布から出している様子がかわいくておかしくて、何枚も写真を撮った。


夫の帰宅が遅い晩には、ユキちゃんと一緒に遊びながら帰りを待った。結婚記念日には、2人と1匹で記念写真を撮った。やがて息子が生まれると、ユキちゃんは息子の初めての友だちになった。興味深そうにユキちゃんを見つめ、慎重に手を差し出している息子の写真は宝物だ。

その後、さらに2人の息子が生まれ、3人の男の子の母になった私は、慌ただしい毎日を送るようになった。一方、学生時代から一緒だったユキちゃんは老いてゆき、日に日に動きが鈍くなり、眠っている時間が長くなった。そしてある日、ケージの中で冷たくなっていたのだ。いつになく冷え込みがきつかった冬の朝のことだった。

3人の小さな子どもたちの世話に明け暮れていたとはいえ、私は異変に気づけなかった。最期の時くらい一緒にいてあげたかった。温かい腕の中で送ってあげたかった。寒い晩に、誰にも見守られることなくひとりぼっちで、どんな思いで逝ったのだろう。いつものように子どものおむつを替えながら、頭はユキちゃんのことでいっぱいだった。ごめんね、ごめんね。苦しい思いを抱えながら私は詫び続けた。

初めてユキちゃんに会ったときの光景がよみがえる。まっすぐに見つめてくる丸い黒い瞳。それを見守る彼の優しい笑顔。ユキちゃんと出会ってからの想い出が次々と呼び起こされる。しかし、３人の子どもを抱えた現実の生活は待ったなしだ。突然の赤ん坊の泣き声で、私ははっと我に返る。さまざまな思いを振り払い、感情を押し殺し、頭をからっぽにして、目の前の３人の世話に集中する。

翌日は日曜日だった。ユキちゃんの亡きがらを毛布に包んでペット霊園に託し、夫と子どもたちと一緒に静かな霊園を歩いた。日差しの暖かい穏やかな冬の日だった。何もわからない子どもたちはいつものように機嫌良くはしゃいで、ニコニコしていて、それが大きな救いだった。

家族が減ってしまったね。寂しいね。言葉には出さなかったが、夫に目で語りかけた。いつも冷静な夫はこの時も言葉数は少なかったが、私よりも長い時間をユキちゃんと一緒に過ごしてきたのだ。あふれるほどの想いがあっただろう。

ユキちゃんは、実に11年以上生きてくれた。晩年はペットショップにユキちゃんのご飯を買いに行くたび、なじみの店員さんに驚かれたものだった。

「お宅のウサギ、元気にしているの？　ウサギが11年も生きるなんてめずらしいわ。大事にお世話をしているのね」

と言われるたび、うれしさと誇らしさで笑みがこぼれた。


ユキちゃんは寿命をまっとうしたのかもしれない。だけど、この大きな喪失感、虚無感は何だろう。家に帰り、空っぽのケージと散らばったご飯を見て、ふとあふれ出た涙が止まらなくなった。

ユキちゃんは本当にいなくなってしまったんだ。水飲みをカタカタ鳴らして私たちを起こしてくれたお茶目な子は、もういないんだ。

長い年月が流れ、私たちは再び夫婦２人の生活に戻った。ユキちゃんと過ごした日々は遠くなってしまったが、あの日あの時、ユキちゃんがいてくれたから今の私たちがある。私たち夫婦の歴史はユキちゃんとの出会いから始まったのだ。

小さなあなたの存在が、私たちにとってどれだけ大きな意味のあるものだったか。あの時、不安と迷いを抱えていた私の背中を押してくれたあなたに伝えたい。あなたの小さな命を救ってくれた人は、今も私の大切な人として私のそばにいてくれているよ。ありがとう。２人を結びつけてくれたユキちゃんに、私の感謝の想いが届くだろうか。

旦那様とのご縁をつないでくれたユキちゃん。かけがえのない想い出をたくさん残してくれたユキちゃん。ユキちゃんが結んでくれたご家族の絆に心から感謝すると仰った、ユキさんの穏やかな表情が印象的でした。ユキさんのお話を聞いて、私も思わずもんさんを抱きしめました。

グリーフの5つの反応

ペットとの死別は、人との死別と酷似した反応が現れることで知られています。「悲嘆（Ｇｒｉｅｆ）」とは、一般的には、悲しみ嘆くことを指します。言語学者の遠藤織枝らによれば、悲嘆は文字通り「悲しみ」に「嘆き」が加わったもので、「悲しみ」よりさらにつらさの程度が深いものです。「悲嘆」は悲しみをはじめ、不安、怒り、罪悪感など、さまざまな情動が複雑に入り混じり、持続性が高い状態ともいえます。本質的な意味で、触れること、治すこと、解決することができない聖域であり、極めて個人的なものです。その上で先行研究では、悲嘆反応を理解するために5つの領域で説明されています。5つとはすなわち、身体的、感情的、認知的、社会的、実存的な影響です。相互に関連しつつも、理解を深めるためにそれらを区別することは有効でしょう。

1. 身体的（食欲不振、睡眠障害、エネルギーの枯渇、故人の身体症状と似た症状の訴えなど）

2. 感情的（悲しみ、絶望、嫌悪、怒り、罪悪感、恐怖、敵意、憧れ、不安、抑うつなど）

3. 認知的（不信感、現実離れした思考、喪失へのこだわり、反芻《はんすう》、集中力や記

憶力の低下の認識など）

4．社会的（人間関係の変化、経済的変化、孤立、引きこもり、活動減退、過活動など）

5．実存的（希死念慮、目的の喪失、意味の探索、魂や死後の有無への思考など）

つまり悲嘆は、単に心理的な問題ではなく、身体、日々の社会生活、生き方にも影響を及ぼす反応なのです。また、反応の現れ方や持続時間には、個人差があることが指摘されています。

関西学院大学の坂口幸弘教授らの研究によると、ペットロスの経験者に、失って最も大きな衝撃を受けたペットの種類（動物種）を尋ねたところ、被験者95名のうち、犬との回答が27名（28・4％）と最も多く、次がハムスターの19名（20・0％）、以下、魚11名（11・6％）、猫8名（8・4％）、ウサギ8名（8・4％）と続きました。予想に反した結果とされており、異なる考えを抱く方もいるかもしれませんが、犬、猫以外の魚類や小動物に関しても、つらい死別を経験している人が多いことがわかります。

動物たちの大きさや見た目で、痛みを測ることはできません。

あなたに起きている反応は、決しておかしくないのです。

自閉症の息子と
ミー

慎一さん

猫の爪切りで毎月動物病院に通って来られる青年がいます。言葉数は少ないのですが、飼い猫のモモちゃんの状態をよく理解していて、こちらの質問に対して的確に答えてくださいます。ある時、青年の父親である慎一さんがモモちゃんを連れて来られました。

「息子さん、モモちゃんのことをよく理解していますよね。いつも感心しているんです」

そうお伝えしたところ、

「実は息子は自閉症で、今の息子があるのは、亡くなった先代猫ミーのおかげだと思っているんです」

と話してくださいました。

小学生の頃の息子は、まわりとうまく言葉を交わすことができず、学校も休みがちでした。１キロ程度の通学路が何十キロにも感じられていたようです。

そんなある日、息子が子猫を連れて帰宅しました。学校からの帰り道、傷だらけで息子の足元に近寄って来たそうです。それまで動物に関心を寄せたことのなかった子でしたので、とても驚きました。

息子は汚れている子猫の体を一生懸命ふき始めました。ふかれるたびに子猫はニャーニャーと、か細い声でないています。私自身、動物と暮らした経験はなく、いったいその子猫をどうしたらよいのかわかりません。体に傷もあることですし、とにかく動物病院に連れて行きました。診察室の中で息子はめずらしく私の前に出て、じっと子猫を見つめていました。

「ご飯しっかりあげて、栄養つけなきゃね。名前は決まっているのかな?」

と獣医師に聞かれ、すかさず息子は

「ミー」

と答えました。

「ミーちゃんの面倒見られるかな？」

と問われると、息子は無言でうなずきました。ちゃんと育てられるのか不安はありましたが、こんな息子の姿を見るのは初めてで、息子の友だちになってくれるかもしれないと思い、我が家にミーを迎えることにしたのです。

息子は、決まった時間にミーにご飯をあげていました。トイレ掃除は私の役目です。ミーは気分屋で、甘えたいときに「ニャー」と小さな声を出しながら、息子の足元にすり寄って来る子でした。言葉を発することが苦手な息子は、ミーに自分から声をかけることはあまりありませんでしたが、よく膝の上に乗せてなでていました。息子にとっても心安らぐ時間であったと思いますし、私もそんな光景を見て安らぎを得ておりました。

学校は相変わらず好きではない様子でしたが、ミーを健診や爪切りなどで動物病院に連れて行くときには率先してついて来て、

「ミーはご飯を残さず食べる」

「ニャーって小さい声でなきながら来てくれるのが、かわいい」

と、病院の人とは結構話をするようになりました。

しかし、そんな時間は長く続きませんでした。ミーはある日、道路に飛び出してしまい、車にはねられ、突然私たちの目の前から消えてしまいました。

その日以来、息子は時々癇癪を起こして大声を上げるようになり、それ以外は何も言わない日が続きました。もしかしたらあまりのショックに状況がよくのみ込めていなかったのかもしれません。以来、ミーのこともまったく話しません。今でもそうです。

「もし、自分がもっとミーのことをちゃんと見ていたら、玄関を閉めていたら、ミーが事故に遭うことはなかったかもしれない」

「もし、自分があの時、家に連れて帰って来なかったら……」

そんなふうに思ってきたのかもしれません。

ミーが亡くなり5年が経った頃、唐突に息子が

「猫を飼いたい」

と言い出し、友人から子猫を譲ってもらえることになりました。それがモモで、この子も息子が名づけ親です。息子が穏やかに暮らせるのは、モモのおかげだと感じています。

息子は18歳になり、動物関係の専門学校に通い始めました。そして学校で飼育している犬を連れて、高齢者施設を訪れる動物介在活動に参加するようになりました。このあと息子がどのような道に進むのかはわかりませんが、言葉を発しなくても、ただ一緒にいるだけで安らぎをくれたミーとの日々が

なければ、今の息子はいない。そんなふうに思います。

言葉によるコミュニケーションが苦手な息子さんにとって、言葉は交わさなくてもともにいてくれる存在だったミーちゃんは、「一緒にいるだけで安心できる存在」だったのですね。ありのままの自分を受け容れ、人と人との関係ではなかなか得られないつながりを築くことができる動物という存在が、私たちに安らぎを与えてくれていることを改めて感じました。

自閉症や情緒障害を支えるペットたち

自閉スペクトラム症（ASD）は脳機能に起因する発達障がいの一種とされています。米疾病対策センター（CDC）の2020年の調査によると、米国では36人に1人がASDと診断され、社会的スキル、コミュニケーション能力、衝動制御などにおいて課題を抱えているといわれます。そんな中、ASDの方への動物たちの大きな影響が注目されるようになりました。

ミズーリ大学のカーライルらは研究で、6～14歳のASDの子どもがいる11家族に対し、保護猫を家に迎え入れる家庭と、猫による介入を行わない家庭を比較し、それぞれ18週間の追跡がされています。

その結果、前者の家庭は、保護猫を迎え入れてからすぐに子どもが猫と絆を築き、その絆は介入期間が終わるまで続きました。加えて、介入期間中には子どもの共感力が向上し、さらには分離不安、いじめ、多動や不注意といった問題行動が減ったことが報告されています。また、保護猫を迎え入れた大半の家庭が、研究終了後も保護猫を飼い続ける選択をしました。保護猫は障がいがあると診断された子どもたちの生活の適応に、一役を買った研究結果といえるのです。

ASDの子どもを持つ親たちには、生活上の負荷が多いこともあるでしょう。

そのため、散歩などの世話を求められず、比較的世話がしやすく、静かにしていることが多いペットの方が適しているとも指摘されています。

大きな生きづらさに悩む子どもたちの課題を減少させ、情緒を落ち着かせるペットたちの力と可能性に驚かされるばかりです。障がいを抱える子どもたちにとって、ペットは、心の安らぎやつながりを提供してくれるかけがえのない存在といえます。そのような子どもたちの生きづらさを和らげることは、私たち大人にとっても希望と癒しを見出すことへとつながるのではないでしょうか。

失われた日々、訪れた記憶

かなこさん

診療で関わった子が亡くなるという体験は、獣医師として長く経験を積んでいても、言葉にならない気持ちにさいなまれます。飼い主さんがその後に新しい子を迎えて動物病院に挨拶に来られたときには、胸をなで下ろすことも少なくありません。これは愛犬とお別れして数年後に病院に来られた、かなこさんから聴いたお話です。

エディを事故で突然亡くし、あの子にしていたお世話のすべてが一瞬にしてなくなりました。かわいい姿が見られなくなったり、触れられなくなったりしたことはもちろんですが、足音、吠える声、甘える声、ご飯を食べたり水を飲んだりする音、おねだりしてお皿を鳴らす音、寝息やいびき、しっぽを振ったり体を動かしたりする音など、エディが出す声や音がすべてなくなり、日常が「無音」になりました。

長い抜け毛が舞うため、毎日掃除機やモップをかけることもなくなりました。かわいいしぐさも、喜んだ顔も、悪いことをしたときのドヤ顔も見られなくなりました。抱いたり、やわらかな長い毛をなでたり、肉球や温かい体に触れたりすることもできなくなりました。あの子の香りも嗅げなくなりました。

あの子を亡くしてから数年は夢を見ることもありましたが、夢とは感覚の違う不思議な体験を3度ほどしました。1度目は亡くなってそんなに経っていなかった頃です。日中、居間のソファでうたた寝をしていたときのことでした。ビリビリ、ビリビリ。音が聞こえてきたのです。その音は、私にとって聞き慣れた音でした。エディが新聞紙に爪を立てて遊ぶ音。

すぐに起きてエディを抱きしめたいという衝動と、目を開けてしまうと消えてしまうだろうという気持ちで動けず、その音に耳を傾けていました。

どのくらい経った頃でしょうか。音が止み、そっと目を開けると、枕元のテーブルの上にはきれいなままの新聞紙がありました。夢だったのかもしれませんが、私がわかるような音を出して、遊んで帰って行ったのだろうと今でも思っています。

2度目は深夜、寝室で寝ていたときのことです。左耳の奥でキンキンとした小さな金属音が聞こえ始めました。目をつむったまま、その金属音に意識を向けていると、今度は寝室のドアの方から、カチャカチャという爪音が。続けて上半身にやわらかい重みを感じました。そして頬には、湿ってひんやりしたものが優しく押し当てられたのです。

毎晩一緒に眠っていた私とエディには、ルーティンがありました。私が横になると、エディは必ずベッドに上ってきて、湿った鼻先を私の顔に当て、スンスンと匂いを嗅ぐというものです。会いに来てくれたのだとうれしく思いました。目をつむったまま、懐かしい重みを感じていると心が安らぎ、いつしか眠りに落ちました。

3度目の時は、現在ともに暮らす子たちが来て2年ほど経った頃のことです。その日はとても疲れていたのですが、横になれたのは0時を回った頃でした。枕に頭をつけ、リモコンで寝室の電気を消し、やっと休めるなと思った瞬間、聞き覚えのある金属音がまた左耳から聞こえてきたのです。その刹那、意識が一気に暗闇に吸い込まれていきました。

「えっ？　私、まだ眠ってないよ！」

自分に起きていることに驚きながらも、意識はありました。その時、寝室のドアの方から犬の足音が聞こえてきました。

「隣で寝ているはずなのにどうして……」

私の腕には、現在ともに暮らしている子たちの感触が確かにあるのです。やがてまた、あの鼻先の感触が。それはとても長く続きました。隣にいる子たちが目を覚ますのではないかなと思うほどの体感でした。

他にもう1つ、不思議でかわいい体験があります。入浴中だった夫が私を呼ぶので行ってみると、

「これ見てごらんよ」

と、夫が水栓を指差しました。そこには、エディを横から見た姿そっくりに水滴が集まり、輪郭を作っていたのです。

エディは私が入浴中、お風呂のふたの上やドアの前に必ずいました。長風呂をして外で長い間待たせようものなら、ドアをこじ開け、無事かどうかを確認しに来てくれる子でした。エディからのかわいいサプライズだったのかなと、時々思い出します。

これらの体験から、私が失ったものは命や肉体だけでなく、五感で感じられていたことすべてだったと改めて感じます。と同時に、それらすべてがエディとの想い出であり、私にくれていた無償の愛だったのだと気づくことができました。

大きな哀しみを経て、今は2頭の子を迎えましたが、今の子たちがスンスンと匂いを嗅ぐ音、おもちゃで遊ぶ音、足音、寝息、その子たちの匂い、かわいいしぐさ、そばに寄り添って寝てくれるひとときなど、どんな小さなことにも無償の愛を感じ取り、感謝して過ごすことができています。

失ったものの多さは、それだけしあわせの多さだった。エディが教えてくれた小さな一つひとつのしあわせを忘れないように、今一緒にいる子たちと過ごしていきたいと思っています。

不思議な体験ですが、死してなお、私たちを想ってくれている存在であることを教えていただいた思いです。
失ったものの多さは、得ていたものの多さ。哀しみの大きさは、喜びの大きさ。肉体を超えてつながろうとしてくれる存在、姿は見えなくても、私たちにはきっと深い絆があることを知らされます。

ペットとお別れしたあなたに伝えたいこと④

死別における4つの課題とは

死別研究を牽引してきたウォーデンの課題モデル（2018）は、死別後の適応プロセスを体系的に整理したものです。ウォーデンは、大切な人を亡くした人が悲嘆と折り合いをつけるため、能動的に取り組むべき喪の4つの課題があるとし、死別悲嘆のケアの現場では重要な枠組みとされています。何度か修正が重ねられた課題モデルの最新版（第5版）に示されたのは以下のものです。

課題Ⅰ　喪失の現実を受け入れること
課題Ⅱ　悲嘆の痛みを消化していくこと
課題Ⅲ　故人のいない世界に適応すること
課題Ⅳ　故人を思い出す方法を見出し、残りの人生の旅路に踏み出すこと

課題の中の「故人」は「ペット」と置き換えてもいいでしょう。大事な存在との別れを認めたくないという気持ちは誰にでも起こりうるものです。一方、この世での再会は叶わないという現実を受け入れる必要性も理解できるでしょう。そのためには抱えた哀しみを胸の奥にしまい込まず、語れる場所や涙する時間も大切です。私たちはその存在がいない日常に慣れ、何とか生活を続けていかなければ

ばなりません。また、死別してもなお継続する絆に気づくことで、再び人生の一歩を踏み出すことができるともいえます。

大事な存在を失い、打ちひしがれ、ただ哀しみが過ぎ去ることを待つしかないと考える人も少なくない中、取り組むべき課題という考えは、遺された自分に何かしら能動的にできることがあるという希望と力の感覚を与え、多くの人が経験する無力感を緩和する処方箋となり得る可能性があります。

ウォーデンは、これらの課題にある程度の順番性はあるものの、必ずしも順番に取り組むものではないとしました。ペットがいない現実を受け入れられないながら、ペットのいない世界を自分なりに生きていく時期もあるでしょう。そんな中徐々に喪失体験を想起し、何度も心の中で反芻することで、それが紛れもない事実であることがわかるようになり、何かが変わっていきます。

ゆっくりでも構いません。振り返ること、想いを語ること、涙すること、そして死を認めることは、これからも生きるために大事な過程でもあるのです。

生まれてきてくれて
ありがとう

瑠美さん

小梅ちゃんが初めて病院を訪れたのは、生後3か月くらいの時、健康診断での来院でした。小梅ちゃんはフワフワした毛とクリッとした大きな瞳を持った猫で、飼い主の瑠美さんご夫婦のメロメロな様子が印象的でした。

小梅ちゃんが元気なときは、いつも診察台の上の小梅ちゃんを写真に撮って、ＳＮＳに投稿されていました。その後しばらくして、転勤で九州へ移られたご夫婦でしたが、後日小梅ちゃんが3歳で発病したことを知り、何もできないながらずっと気になっていたことを思い出します。小梅ちゃんが亡くなって1年が過ぎた頃、九州から戻った瑠美さんが動物病院に挨拶に来られました。その時に伺ったエピソードです。

子どものいない私たちの生活。一日の終わりに交わす言葉は次第に少なくなっていました。静寂が支配していた我が家に、小梅は突然、風のように舞い込んで来てくれたのです。

ある日の買い物帰りに偶然訪れたペットショップで小梅と目が合い、心惹かれました。抱っこさせてもらいましたが、その時のフワッと温かい手ざわり、丸く大きな瞳に心奪われたのを思い出します。めずらしく夫と意見がぴったり一致し、翌日、我が家の一員として小梅を迎えました。

それ以来、話題の中心はいつも小梅。彼女は私たちの間の静寂を温かな笑顔に変えてくれました。小梅という名前は、我が家の苗字との画数を考慮して選びました。あまりのかわいさに、一日に何枚も写真や動画を撮り、それを見ながら話をするのが夕食後の日課でした。SNSに写真を投稿すると、すぐに猫友さんができ、私たちの世界は小梅を通して広がっていきました。

しかし、小梅が3歳の時、食欲が落ちてきて病院に連れて行ったところ、完治が難しいウイルス性の疾患と診断されました。目の前が真っ暗になり、ネットで病気について調べたり、病院を探したり、小梅のためにできることは何でも夫婦で協力してやりました。少し体調が回復したときもありましたが、日に日に弱っていく彼女に、これ以上どうしてあげることもできなかったのです。

そんな中、親身になって私の話を聴いてくれた猫友さんには、何度も助けてもらいました。多くの猫友さんに心配してもらい、励まされたことは本当に心の支えとなりました。その一方で、知らない人から看病の仕方などをSNS上で批判されることもあり、傷つくこともありました。これ以上傷つきたくないと思って、だんだん投稿もできなくなりました。

そして治療や看病の甲斐なく、小梅はこの世を去りました。写真を見るのもつらい日々が続き、私たち夫婦は再びあまり話をしなくなりました。小梅はもういないのに、家の中には小梅の想い出がたくさん詰まっています。私は時折部屋の片隅に小梅の毛が落ちているのを見つけては、泣いていました。でも、夫はまったく泣くことはありませんでした。いえ、悲しみに暮れる私を心配して、泣けなかったのかもしれません。それでも、今までやらなかった家事を手伝ってくれるようになりました。

小梅が亡くなって1年が経とうとしていたある日、夫がスマートフォンの画面を私に見せながら、

「これ、やってみる?」

とぽつんと言いました。そこにはアニマルコラージュアート（ちぎり絵）で表現された動物たちの姿がありました。何だかフワッと温かい気持ちになった私は、思い切ってワークショップに参加することにしました。

最初はちぎった紙で本当に作れるのかな？　と半信半疑で始めましたが、小梅の写真を見ながら紙を貼りつけていくと、不思議と心が落ち着いてきます。やがて目の前に小梅の姿が現れてきました。完成した作品にそっと指を這わせると、小梅の毛並みまで感じられるようでした。目の色、表情、一緒に生きた3年間が思い出されて、涙があふれました。

小梅が亡くなる少し前からＳＮＳへの投稿は控えていたのですが、小梅との別れの報告と合わせ、仕上がった作品を載せたところ、小梅を知っている友だちから、驚きと励ましのコメントがたくさん寄せられました。

心配してましたよ。つらかったですね。
悲しい。でも、またお話したいです。
久しぶりに会いに行くから一緒に泣こう。
小梅ちゃん、とってもかわいいね。
また小梅ちゃんに会いたい。
絵がまるで生きているみたい。

今もずっと二人のそばにいてくれるんだね。

小梅、あなたはこんなにもたくさんの人を結びつけてくれて、私たちをしあわせにしてくれたんだね。

小梅、生まれてきてくれてありがとう。私たちの子どもになってくれてありがとう。

小梅の絵にそっと手を合わせながら過ごしてきた私たち夫婦は、今は協力しながら保護猫活動をするようになりました。先生にそのことを伝えたくって、今日はここに来ました。

動物病院に挨拶に行こうと思いつつ、いろいろなことを思い出してつらくなりそうで、来ることができなかったと仰っていた瑠美さん。地元に戻られていたことも知りませんでしたが、アニマルコラージュアートの小梅ちゃんを連れて、ひょっこり来てくださったことに驚きました。ご夫婦で保護猫活動をされているという彼女の表情にあったのは、哀しみだけではありませんでした。

具体的な対処方法を考える

ペットロスの具体的な対処方法として、日本補助犬情報センターの元理事長で動物のライフサイエンス研究者である鷲巣月美は、次のように述べています。

（A）日常を豊かにすることを行う（毎日1つずつ好きなことをする計画を立てる。自然、音楽、人と過ごす時間を設ける。感情を素直に表現する。など）

（B）身体を大切にする努力をする（毎日の食事をきちんと摂る。飲酒はほどほどにする。薬に頼らない。眠気がなくとも時間を決めて横になる。など）

（C）失ったペットを思い出させる日常の各部分を変えてみることを時に大切にする（家の模様替えをする。買い物をする店を変える。ペットと一緒に歩いた道を通らない。動物の写真をしまっておく。など）

（D）ペットの死を弔うことで心に整理をつける（葬式をする。線香をあげる。爪や毛を庭に埋めて墓を作る。骨壷を持って散歩コースを歩く。など）

（E）思い出を作る方法を決めて、形にしておく（灰、爪、毛などをアクセサリーとして身につける。写真を飾る。アルバムや俳句集、本を綴る。記念碑を作る。など）

近年は、ペットの写真や動画をSNS上で共有することや、写真をもとに亡きペットを自らの手で作品にする取り組みも多く見られます。

また日本グリーフ専門士協会では、2021年から「空《そら》のポスト」というLINEのオープンチャットを運営しています。これは故人や亡き動物たちへの想いを手紙として綴る取り組みで、5000通以上の投稿が寄せられました。

死別後の気持ちは本当にさまざまです。つらい気持ちをただただ吐露される方、これまでの想い出を振り返りたい方、忘れようと必死に何かで紛らわせようとする方、哀しみは消えずとも薄紙を剥がすように変化し、徐々に動物たちのいない生活に慣れていかれる様子を語られる方もいます。

つらい中、あなたは本当に頑張ってきました。
形にはこだわらなくてもいい。誰かと同じでなくてもいい。
ここで一旦、ゆっくり呼吸をしてみましょう。

あなたらしい対処方法はきっと見つかります。

母から
預けられたもの

みのりさん

亡くなったご家族とともに暮らしていたペットを受け継がれる方から、お話を伺うことがあります。その子と暮らすことで、亡くなったご家族とのつながりを感じる方は少なくないようです。みのりさんも、シロちゃんの中にお母様を感じられていたようでした。

母は私を女手一つで育て上げた。決して弱音を吐かない強さを持っていた人。大学進学で故郷を離れ東京に出るときも、母は笑顔で私を送り出してくれた。だが、その笑顔の裏で寂しさがあったのだろう。一人になった母は、猫を飼い始めた。シロと名づけられたその猫は、母の日常に小さなしあわせを運んで来た。

大学を卒業した私は、そのまま東京で就職した。日々の仕事に追われ、また精一杯向き合う中で、瞬く間に月日は過ぎていった。母が倒れたという知らせは、そんな日常に突如として訪れた。電車を乗り継ぎ、病院に駆けつけたときには、母はすでに息を引き取っていた。

突然すぎる別れに、母への親孝行もできず、感謝の気持ちも十分に伝えられなかった後悔が残った。そして、母とともに暮らしていた15歳のシロを引き取る決意をした。親孝行ができなかった分、せめてシロを大事にしようと思ったのだ。

私の暮らす小さなアパートで1人と1匹の生活が始まると、すぐにシロは私にとって家族同然の存在になった。シロはまるで、母の温かさを受け継いだようだった。しかしシロにはてんかんの持病があり、大きな発作が起きるたびに、私の心は不安で揺れた。それは今思えば、母を失う恐怖にも似ていたような気がする。

シロとの日々は、母が私に残してくれた贈り物のようだった。シロとともにに生きていることが、母を亡くした私にはどれほどのなぐさめとなったことか。そして、一緒に暮らして3年が経ったある冬の朝、シロは静かに息を引き取った。苦しむことなく、穏やかに……。

母の最期に居合わせられなかった私は、母が死に際に苦しんだのではないかと想像し、自分を責めてきた。シロの最期の姿に、急逝した母も苦しむことなく逝ったのではないかと思えるようになった。

部屋にはシロのいない静けさが広がっている。それでもシロと過ごした3年間は、母と再び一緒に過ごしたような時間だったと感じる。母とシロへの

「ありがとう」が、心からあふれ出す。母とシロ、二人が運んできてくれたしあわせを胸に抱き、生きていこうと思う。

お母様を亡くし、哀しみを抱えたみのりさんを支えてくれたシロちゃん。シロちゃんとのお別れは、再びお母様を亡くしたようなお気持ちだったのかもしれません。それでもシロちゃんが見せてくれた最期に、お母様の死で感じられた痛みから解放されたのですね。シロちゃんが命をもってお母様の想いを届けてくれたことに驚かされます。

高齢者の健康とペットたち

2000年にWHO（世界保健機関）が健康寿命という概念を提唱しました。以来、いかに寿命を延ばすかでなく、いかに健康な生活ができる期間を延ばすかに関心が高まっています。

千葉大学大学院の正木治恵教授らによれば、高齢者の健康状態は個人のみで完結はできず、置かれている環境や社会文化的背景、その人自身の価値観や信念のもとで成り立つとされています。すなわち、何を大切にするのか、誰とどのように暮らすのか、どのようなサポートを受けて生きるかが大切といえるでしょう。

高齢者の心身の健康への良い影響として注目されているのが、「ペット」に代表される動物たちとの関わりです。在宅高齢者にペットがもたらす効果としては、癒し、人間関係の拡大、生活意欲の向上などが指摘され、また動物と触れ合う効果として、運動行動の向上、不安の軽減などがあるとされます。

その他にもペット、特に犬を飼うことが健康にどんな影響を与えるのかが、多くの研究で明らかになっています。ここでは、その一部を紹介します。

1. 身体活動の増加

犬を飼うことで、散歩や遊びを通じて自然と体を動かす機会が増えます。最近の研究（モータら、2023）によると、犬を飼っている人は飼っていない人に比べて、適度な運動の量が増えることがわかりました。

2. 心臓の健康をサポート

2019年のクレイマーらによる研究では、犬の飼育が全体の死亡リスクを約24%、心血管疾患による死亡リスクを31%減少させると報告されています。犬との生活が日常的な活動や心の安定を促すからかもしれません。

3. 血圧やコレステロール値への効果

さらに犬を飼っている人は、血圧や脂質プロファイルにも良い影響を受けていると示されています（アンダーソンら、1992）。特に男性では、コレステロール値や中性脂肪が低い傾向があることが明らかになっています。

個人の生活環境や状況を考慮する必要がありますが、犬との生活が私たちの健康にさまざまなプラスの効果をもたらす可能性が示されています。

平均寿命と健康寿命との差は、日常生活に制約を感じる「健康ではない期間」を意味します。その期間の差は2019年において、男性8・73年、女性12・06年でした。健康ではない期間とされる約10年を、私たちはどのように過ごすのか。平均寿命と健康寿命の差がますます拡大していく可能性も示唆される中、心身の健康に大きな影響を及ぼすペットたちとの共生はできないか、共生を支えるために自分には何ができるのか、考えてみる必要があるのではないでしょうか。

星空の下で
また会える

遼さん

猫のルナちゃんを迎えて以来、日記を書いていた遼さんは、まだ寒い日が続く2月のある日、獣医師としての業務の傍らに私が行っていた、オンラインのペットロスカウンセリングに参加しました。初回も2回目も、セッションの中では淡々と語っていた彼が涙を見せたのは、綴った日記を読んでくれた3回目のセッション時が初めてでした。

2016年3月1日

この家で僕はいつも一人だった。両親との会話はいつも短く、冷たい。僕の部屋は、両親が言い争う声が響く居間の真上にある。でも、僕はもう一人じゃない。ルナが来てくれた。黒くて小さな、でも僕の世界を変える力を持った猫。僕には君が必要なんだ。一緒にこの小さな部屋で、星を数えよう。

2017年12月24日

ルナと僕は、今や切り離せない関係だ。学校でのイヤなこと、親の怒鳴り声、全部、ルナがいるから耐えられる。君は言葉を知らないけれど、僕の気持ちを全部理解してるかのようだ。君がいてくれるから、僕はこの家にいられる。

2019年6月15日

今日、ルナが僕の腕の中で眠った。親とのことで、僕の心が黒い何かにのみ込まれそうなとき、ルナの温もりが唯一の光だ。親に反抗しても、結局は一人ぼっちになるだけ。でも君は、そんな僕を裁くことなく一緒にいてくれる。いつも僕を受け入れてくれる。

2020年9月5日

僕はだんだんと、親と話すことをやめていった。彼らに僕の本当の心は見えないようだ。ルナは違う。君は僕の声のトーン、僕の一挙手一投足を見て、何が起きているのかを感じ取っている。そして、ただそばにいてくれる。それがどれほど僕にとって大きなことか。

2021年3月31日

ルナがいなくなった。昨日の夜から、どこを探しても見つからない。何度名前を呼んでも、返事はない。

家族がドアを開けたすきに、外に出てしまったのか、誰に聞いても知らないという。

僕は気が狂いそうだ。何で気をつけてくれなかったんだ。いや、僕がもっと気をつけていたらこんなことにならなかったに違いない。

頭の中が混乱し、訳がわからないまま、街中にチラシを貼りながら一日中探していた。

2021年6月21日

ルナ、おなか空いてないだろうか。怖い思いをしていないだろうか。早く戻っておいで。ああ、誰かルナを見つけてください。君のいない家は寒すぎる、静かすぎる、もう耐えられない。

この5年間、君は僕の家族だった。いや、それ以上だ。君は僕の希望だった。君がいなくなって、僕の世界から色が消えた。君のいない世界をまだ受け入れることができない……。

綴った文章を口にされた遼さんは、せきを切ったように涙を流されました。

今までを振り返って文字にすることが、気持ちの整理につながることがあります。実際に口に出すことで、初めて大切な感情に触れることがあります。

最後の日記は、その後しばらくして再びカウンセリングに訪れた彼が読んでくれたものです。

2023年3月31日

日記帳を開くのはずいぶん久しぶりだ。

今日でルナがいなくなって、ちょうど2年。あの後はつらすぎて日記も書けなくなった。しばらくは学校を休んで、暗くなるまでルナを探す日々が続いた。でも半年くらい経ったある日、僕は探すのを辞めた。何か僕の中でふたがパタンと閉じたように、そこからルナのことを考えないようにした。現実と向き合うのがあまりにもつらかった。

とにかく家から出たかったので、それからがむしゃらに勉強し、家から離れた大学に合格し、明日、この街を出ていく。

忘れたわけじゃない。忘れることなんてできない。君がいなくなったあの日から、部屋の隅の空虚さは変わらない。

でも、変わらなきゃと思った。綴った日記を読んでカウンセラーに聞いてもらい、僕は初めて心の底から泣いた。

初めて泣いた夜、星空を見上げると、実はルナがすぐそばにいてくれるような気がした。いつかまた会えることを信じて生きていこう。

❀ ❀ ❀

顔を上げた遼さんの表情は、初めて会ったときより、どこかたくましく見えました。

援助を求めることの勧め

「誰もが経験する死別に援助が必要なのか」

ユトレヒト大学のシュトレーベらは、その有効性に疑問を投げかけています。

確かに死別の多くは自然に適応可能なものであり、ペットロスも同様と考えていいでしょう。

一方、私たちが続けてきた自助グループ「わかちあいの会」を求める声も多くあります。わかちあいの会は、近い経験をした人同士が複数人集まり、想いを語り合う取り組みです。このような活動の形態は団体によって一様ではありませんが、多くは場の安全を支えるファシリテーターのもと、守秘義務を前提に、お互いの気持ちに耳を傾ける場として機能しています。

動物看護研究者の木村祐哉は、ペットとの死別後は、飼い主の性別、ペットの死の原因、死別の仕方、別れの儀式の有無、周囲からのサポートの有無や影響が、悲嘆の強さと関連するとしています。死別は個別の問題であり、その痛みを和らげるには時間がかかる人がいてもおかしくありません。

ペットとの死別と人との死別の大きな違いに、積極的な安楽死の選択があることも忘れてはならないことだと思います。その結果、自分が動物の死を決めてしまったと、強い罪悪感を抱く方も少なくありません。ペットと死別した人の中には、複雑な悲嘆を抱えたハイリスクな人が一定数存在します。ペットとの死別による悲嘆が深刻なものにならないよう、支援に頼ることは大切な選択肢の一つです。

多くの人にとって、カウンセリングへのハードルは低くはありません。しかし、あなたはいつでも助けを求めていい。一人で我慢しなくてもいいのです。あなた以上に、その存在に心を砕いた人、しあわせを願っていた人がいたでしょうか。今の苦しい想いを語ることは、ペットへの愛を再確認する大切な時間だと感じます。

ふぅちゃんと紡いだ絆

しぃちゃん

動物病院での業務はとても忙しく、予防や治療をするだけで精一杯の日々でした。でも、闘病中の不安な気持ちや、動物との別れが近づくことに対する恐れ、お別れした後の哀しみに寄り添うことが必要だと考え、グリーフケアを本格的に学び、飼い主さんのペットロスカウンセリングを行うようになりました。今は仕事仲間である彼女の経験も、そんな中でお聴きした、とても印象に残るお話です。

私の愛兎《あいと》は、お耳の垂れたホーランドロップの男の子です。ブロークンオレンジという、茶色に白の混じった毛色の子で、名前は「ふぅちゃん」といいます。

ふぅちゃんとの出会いは、不思議な偶然が重なっていました。実は他の子をお迎えしたいと思い、ブリーダーさんのお店へ伺ったら、一足違いでその子は他のお家へ迎えられた後だったのです。ご縁がなかったと残念に思っていたところへ、たまたま生まれて間もない子うさぎちゃんたちが店内に連れて来られました。

4羽の子うさぎちゃんのうち、3羽はお母さんのお顔のところに小さく丸まっていましたが、１羽だけお母さんのおしりを枕に、ちっちゃなおなかを出してのびのび寝ていました。その大胆で無防備な寝姿があまりにかわいく、一目ぼれ。どんな種類なのか、男の子か女の子かもわからないまま、この子をうちの子に迎えよう！　と決めたのでした。こうして２０１３年３月、ふぅちゃんは我が家の子どもになりました。

当初うさぎを迎えた理由は、私が多忙で留守にすることが多いため、娘が寂しくないようにという思いからでした。ところが一緒に暮らし始めると、その愛くるしい容姿とコミカルなしぐさ、とても感情豊かで愛情深いところに私がメロメロ。ふぅちゃんのいない生活なんて考えられないほどしあわせで、大事な家族、子どもになりました。

うさぎは声帯がないため鳴きません。その分、目はとても表情豊かで、伝えたいことがあると、真ん丸な目でじっと見つめてきます。不機嫌になるとその目は三角につり上がり、びっくりすると白目が出てしまいます。ご機嫌なときはぷうぷうと鼻を鳴らし、うれしいときは歯を小さくカチカチと鳴らします。その小さくかわいい音とフワフワの体に触れると、どんなに嫌なことがあっても吹き飛んでしまうのです。

いつも部屋中を駆け回り、ピョンピョンと跳びはねては、ここは俺様の縄張り！　とばかりにあちこちに自分の匂いをつけました。うさぎはあごの下に臭腺があって、自分の物や気に入った物にはあごを擦りつけて、匂いをつけます。私が帰宅すると、足元からクンクンと匂いを嗅いで、体のあちこちに一生懸命あごを擦りつけ、匂いをつけました。きっと自分のものと思っていたのでしょう、その必死な姿がかわいくてかわいくて……。

そして私がソファに落ち着くと、必ず足元にやって来て、左右の足の間にグイグイと体を潜り込ませ、足に挟まれながら寝そべるというのが大のお気に入りで、一緒にテレビを観たり、なでられながらそのまま熟睡したり……。

私が部屋を歩けば急いで駆けて来て、必ず私の前を歩きました。時々振り返って、

「ちゃんとついて来ている？」

というような顔をして、後ろにいるか確認するのは、今思えば私を守ってくれていたのかなとも思えます。

何度かの手術も頑張って乗り越えてくれました。入院したときには家から片道1時間の病院まで、私と娘は毎日大好物の野菜を持って会いに行きました。

「ふぅちゃん、頑張ってえらいね。良くなったら一緒にお家に帰ろうね」

と声をかけると、じっと聴いてくれているようでした。

獣医の先生から手術後は痛みもあるし、しばらくは食べられない場合が多いと説明されましたが、ふぅちゃんはどんな時も頑張って必ずご飯を食べてくれて、いつも先生の予想を上回るスピードで回復してくれました。

「こんなに頑張れる子、なかなかいないですよ。よほどお家に帰りたいんだね」

そう先生に言われたときは、心の底から愛しさが込み上げました。頑張る姿に、いつも勇気をもらいました。

ふぅちゃんとともに暮らした時期は、私の父が闘病していた時期と重なっています。闘病中は何度も厳しい局面がありました。事情があって家族に病状を伝えられず、一人で真夜中に泣いていたときに、そばにいてくれたのはふぅちゃんでした。

私の心の揺れを敏感に感じ取ってくれていたと思います。そばに来てちょこんと座り、おしりを私の体にくっつけてくれるのです。何も言葉はなくても、その小さな温もりにどれだけなぐさめられたかしれません。話しかけると、曇りのない眼差しで、じっと私を見てくれました。

ふぅちゃんの前では、私はいつもありのままの自分でいられました。顔をぐしゃぐしゃにして泣いても、弱音を吐いても、ふぅちゃんは私をダメなやつだと評価せず、黙ってそばにいてくれました。

小さな命を守っているつもりが、実は私が守られていたのですね。言葉ではない温もりによる安心感は、何物にも代えがたい宝物。私とふぅちゃんは人とうさぎ、姿かたちは違っても、私たちの間には人間同士では得られない特別な絆がありました。

ふぅちゃんは2021年3月のある朝、突然旅立ちました。私はその瞬間に立ち会えなかったことに、大きな罪悪感を持って苦しみました。世の中と自分の間にできた透明な壁。娘を守るために仕事や家事は何とかこなすものの、まるで抜け殻になったように現実感はありませんでした。

一人になると涙が止まらない。私はおかしいのだろうかと悩み、たどり着いたのが「グリーフケア」でした。知識を学び、何度も自分の胸の内を語っては涙を流し、仲間に支えられて、少しずつ何かが変わっていきました。

私は今、大切な存在とのお別れでグリーフに苦しむ方に耳を傾ける取り組みをしています。尊敬する師や仲間とも出会うことができ、哀しみの先に新しい生き方を見つけました。これも、ふぅちゃんがくれた大切な贈り物だと感じています。

ふぅちゃんからもらったものは数知れず、感謝してもしきれないほどです。その分、私はあげられるものがあったのかと自問することもありますが、一つだけ胸を張って言えるのは、ふぅちゃんを全力で大切に想っていること、それは姿が目には見えなくなった今も、これからも、まったく変わらないということです。

かわいいふぅちゃん、ありがとう。ずっと、ずっと大好きだよ。これからも一緒だよ。

私がしぃちゃんと出会ったときには、とても深い哀しみを抱えていらっしゃいました。深い哀しみの中にあるときには、亡き子との絆を失ったように感じられることがあります。しかしご自身が哀しみと向き合い、「ふぅちゃん、ふぅちゃん」と言葉を重ねる経験を繰り返しながら必要な知識を得ることで、生前とは違う形かもしれませんが、永遠に続くふぅちゃんとの絆を見出されました。今は苦しむ方の声に耳を傾けるようになった、心強い仲間の一人です。

泣くことと笑うこと

かつて、グリーフケアやペットロスケアでは、哀しみと向き合うことだけを重要視する傾向がありました。例えば亡き存在への想いを語ること、つらい気持ちに触れること、涙を流すことが何より大切だと考えられてきたのです。一方で、死別の事実を忘れようと努めたり、早く日常生活に戻ろうと前向きになろうとしたりする方も少なくありません。

大切な存在との別れを経験したとき、人はどのようにして喪失の痛みに適応し

二重過程モデル(Dual-process model)

ロバート・A・ニーマイアー編　富田拓郎／菊池安希子監訳『喪失と悲嘆の心理療法 構成主義からみた意味の探究』金剛出版（2007）より引用

ていくのでしょうか。その答えの一つとして注目されているのが、シュトレーベとシュトの「二重過程モデル（Dual-process model：以下DPM）」（1999）です。

DPMは、喪失志向と回復志向という異なる2つの側面を行き来しながら、自分を取り戻していく枠組みを示したものです。まず喪失志向とは、亡き存在への哀しみと向き合い、その感情を整理していく過程を指します。一方、回復志向は哀しみを一時的に脇に置き、日常生活を営む中で新しい目標や人間関係に目を向けることを意味します。この2つのプロセスを交互に行き来することで、大切な存在を失った現実に少しずつ適応していくのです。

このモデルが示すのは、哀しみに浸りきることも、無理に前向きになることも、どちらか一方だけでは十分ではないということです。例えば、亡き存在を想い涙する時間が必要なときもあれば、気晴らしとなる趣味や新しい関係、新しい目標に目を向ける時間も必要でしょう。それぞれの時間を大切にしながら、「揺らぎ」の中で前に進むことが、人間らしい自然なプロセスであるとDPMは教えてくれます。

私自身、この10年間で多くの死別経験者と出会ってきましたが、悲嘆と正面から向き合うだけでは心が押しつぶされてしまう人がいることを何度も目の当たりにしました。また、そのような方々が何気ない談笑や趣味、新たな人間関係、新たな目標を通じて、折り合いをつけていく姿を見てきました。哀しみと向き合う時間と、その哀しみから少し離れる時間。この2つを行き来する中で、人は新しいアイデンティティを見出していくのです。

喪失志向と回復志向のバランスは人によって異なります。泣くことも、笑うことも、どちらもあなたにとって大切な時間です。どちらが正しいとか間違っているとかいうものではなく、あなたが自分のペースで進んでいくこと、それを許される環境が何よりも大切なのです。

哀しみに沈む日もあれば、ふと笑顔が戻る瞬間もあるでしょう。そんな自分を責めたり、無理に前向きになろうとしたりする必要はありません。その揺れる心の中にこそ、新しい自分を見出す力が潜んでいます。

泣いてもいい。笑ってもいい。そして、時には哀しみを忘れてもいいのです。

その「揺らぎ」の中に、あなた自身を取り戻すヒントがあるのです。

ありがとうと言えるまで

最後は私の愛犬いおの話です。私はいおに「ありがとう」と素直に言えるまで、とても時間がかかりました。今でも寂しさは感じますが、感謝を感じながら、穏やかにいおと過ごした時間を思い出すことができます。そうなるまでの道のりをお伝えします。

いおと出会った日のことは、今でも鮮明に覚えています。結婚してからしばらくペット不可の住宅に住んでいたのですが、
「いつかは引っ越して、そこで犬と暮らしたい」

という想いは、ずっと抱いていました。

その後、念願の一軒家に引っ越し、早速ブリーダーさんに問い合わせました。すると、ちょうど4頭の子犬がいるということで、ドキドキ、ワクワクしながら会いに行きました。

ブリーダーさんのお宅に上がったところ、子犬たちはちょうどサークルの中で、歯磨きガムの取り合いの真っ最中。体はしっかりしていて、他の子を威嚇することなく、ガムの取り合いに果敢に挑んでいた子を見て、

「この子は食いしん坊そうだし、社会化もよくできているな」

と感じ、その子を迎えることにしました。

名前は「いお」、女の子です。名づけ親は夫です。ギリシャ神話に登場する大神ゼウスが愛した女性の名で、後に木星の衛星の名にもなりました。

「いおの名の通り、素敵な女の子になってほしい」

そのような願いがあったようです。

いおは大きくなるにつれ、本当に優雅な気高いレディになりました。名前の通り、おっとりと優しく、人の気持ちを推し量ろうと努力します。

けれど、家族以外にはあまり愛嬌を振りまかない子でした。夫と私には絶大な信頼を寄せてくれていて、爪切りも歯磨きもシャンプーも嫌がらずに、されるがままという状態でした。

いおは私にとって家族というだけでなく、仕事のパートナーでもありました。「お座り」「伏せ」「待て」という一般的なコマンドしか教えませんでしたが、してほしいことを伝えると、ちゃんと意図を酌み取って動いてくれます。その頃勤務していた動物病院のホームページのモデルや、マッサージセミナーのデモ犬を務めたり、テレビの取材を受けたりと、たくさんの仕事を手伝ってくれました。

フサフサの毛並み、端正な顔立ちや利発さを褒められるたびに、とてもうれしく、誇らしく、

「こんな子には二度と会えないだろうなぁ……」

と、いおが元気なときからいなくなることを考えて、胸が苦しくなることがありました。

「この子がいなくなる」

そう思うたびに心にふたをして、そこから先のことを考えないようにしていました。

13歳で肝臓がんであることがわかったとき、頭を殴られたような衝撃を覚

えました。13歳といえば、確かに高齢ではあります。でも、まだ一緒にいてくれる、そんな気持ちにさせる年齢でもありました。だから病気がわかった途端、一気に目の前に「死」を突きつけられ、その衝撃は大きかったのです。ただ、幸いなことに大きく体調を崩すことなく、そのまま半年ほどを過ごすことができました。

でも、別れの日は突然訪れました。その日の朝、前日に比べると食べる量がやや少なく、少し元気がなかったいお。私はその日依頼されていた仕事があり、長い時間家を空けなければなりませんでした。

様子が気になりつつも仕事に行き、帰宅すると、いおはぐったりしていました。

「いお！」

と呼びかける私に3回しっぽを振り、その数分後に息を引き取りました。

「なんで!?　どうして!?」

私はひどく混乱し、しばらく呆然と、いおの横に座っていました。

「しんどいときに、そばにいてあげられなかった。どんなに不安だっただろう……本当にごめんね、ごめんね」

その後泣き崩れ、今でもその時のことはぼんやりとしか思い出せません。

いおがいなくなってしまった。

そのことに向き合いたくなくて、私はとにかく仕事に没頭しました。

でも、ふっと気が緩むと亡くなった日のことを思い出し、

「いお、ごめん。ごめんね」

と、自分を責める日が続きました。


私はグリーフやペットロスを深く学ぶことで、自身に起きうる反応を知っていました。それが私の支えになったことは事実です。でも、哀しみがなくなるわけではありません。そして私自身が心を込めて続けてきた、ペットとの死別の「わかちあいの会」が、間違いなく私を守ってくれました。

いおへの想いの丈を仲間に聴いてもらい、心から泣くことができました。何度語っても、気持ちを受け止めてくれる仲間たち。すると、寂しいけれど、苦しさはいつしか和らぎ、いおが亡くなった日の晩もきれいな満月だったことを思い起こすことができました。

満月を見れば、今はそこに、いおを感じます。日々の暮らしの中で、ふっと横にいるように感じることもあります。今、ともに暮らす愛犬りんの中にも、いおを感じることがあります。

いおと暮らした時間は、本当にしあわせでした。

「うちの子になってくれて、ありがとう」
今なら、そう素直に伝えることができます。

いおが教えてくれたグリーフの感覚。彼女が命を通して教えてくれたことを多くの方にお伝えする。いおと私の共同作業はこれからも続きます。

心的外傷後の成長

不慮の事故で大切な存在を失い、トラウマ（心的外傷／心の傷）を抱える方もいらっしゃいます。自身を責め続け、「もう新しい子を迎える自信がない」

そんなお気持ちを語る方が多くいる一方で、ご自身の経験から老犬の介護サポートに従事する方や、保護猫活動に尽力する方も少なくありません。

大切な存在を亡くした後の喪の作業（葬儀、法事、想いを綴ったり語ったりする時間、その他、哀しみと向き合う時間）は、亡くなった存在に関する想いや、喪失に対する認識、大きく変わってしまった自分の世界に関する認識やその出来事の意味を、再構成する機会にもなり得ます。

かつてフロイトは、悲嘆において「心理的エネルギー」を新しい関係に向けるために、故人（大切な存在）との絆を断ち切る必要があると主張しました。

それに対して近年の悲嘆研究では、「継続する絆（Continuing bond）」の重要性が注目されています。クラスやシルバーマンは、亡き存在とのつながりを維持することが、心理的適応や喪失後の成長を促す可能性を指摘しました。この概念によれば、絆は物理的な存在の喪失によって消えるわけではなく、むしろ心の中で新たな形に再構成されるのです。例えば「見守られている」と感じることや、日常で亡き存在を思い出す行動が、心の安定や自分なりの生き方の支えになり得ます。

また、心的外傷後の成長（Posttraumatic Growth：以下PTG）という概念を、テデスキとカルフーンは、重大な喪失や困難な出来事の経験を通じて心理的な成長が生じる可能性として提唱しました。一方、ツェルナーとメルカーは、すべての人がPTGを経験するわけではないことも示しています。喪失体験に「意味なんかいらない」という人も一定数存在します。

その上で私には、いかなる別れ方であっても、それまでの動物たちとの日々は何か大切なことを教えてくれたと信じたい気持ちがあります。温かいぬくもり、無邪気なしぐさ、そばにいてくれるだけで感じた安心感……。それは今も心の中に生き続け、新しい一歩を踏み出す力や信じられる何かを、確かに自分の中に残してくれたという多くの方に出会ってきたからです。

時間がかかってもいい。喪失という空白の答えを埋めなくてもいい。

今はその空白に耐えること。その先にふと、空白を埋める大事な何かに触れることを信じたい。

喪失の意味をどう受け止め、これからどう生きるかを決めるのはあなたです。

おわりに

「なんでいなくなったの……？」
「どうして死んじゃったの……？」
「私がもっと早く気づいていたら……」

愛する存在と死別したとき、答えが出ない問いに、私たちは苦しむことがあります。その感覚は他人の想像を絶するものです。

本書で語られたエピソードは、ペットたちの存在の大きさを物語っています。

もはやペット、動物という意識ではなく、ある人には親友、兄弟姉妹、子ども、人生を変えてくれた存在であり、あるいは自分の命を守ってくれる存在にもなり得ます。

ペットロスという言葉が知られるようになって久しくなり、近年、愛玩動物看護師という職業も生まれるなど、社会の理解は変わりつつあります。しかしながら、まだペットたちとの死別を軽く考えている人たちは少なくありません。事実、人との死別には休暇が認められることがあっても、ペットたちとの死別に適応される社会的な制度はほとんどないのが現状です。

また、災害時や緊急事態においては、ペットたちの命が人の命と同様に扱われないこともあり、多くの方が心に大きな痛みを抱え、人知れず苦しんでいます。

そんな死別の哀しみに触れるたび、言い表す言葉が見つからず、その痛みの大きさに言葉が追いつかない感覚に見舞われることばかりです。

グリーフが長引くケースには、失った存在との関係、愛着の性質、亡くなり方、過去における傷つきの経験やうつ病などの既往歴、ご本人の年齢や対処能力などのパーソナリティー、まわりの関わりなど、複合的な要因があります。

さらにペットロスの場合、飼い主側の事情による手放し、安楽死の決断や災害などによる行方不明といった、人の別れとは異なる要素が加わる可能性もあるでしょう。そのため、悲嘆に対する深い理解や専門的なサポートが求められるケースも少なくありません。関わる側は自身の限界を知り、責任をもって、より専門性の高い支援者にリファーする勇気も必要です。

その上で、死別を経験した方に関わるときに大事にしていることがあります。それは「敬話敬聴」という在り方です。敬話敬聴とは、敬意をもって接し、敬意をもって耳を傾けるという姿勢でもあります。

本書で語られた「哀しみの大きさ」は、ペットたちから得てきた「愛の大きさ」でもあります。その意味でグリーフケアやペットロスケアは、「愛に触れる取り組み」と信じて活動を続けてきました。

私たちグリーフ専門士、ペットロス専門士は、専門家という立場でも指導者という立場でもなく、「同行者」として、痛みを抱えた方の想いにほんのしばらくご一緒させていただけたらと思っています。

本書のコラム「ペットとお別れしたあなたに伝えたいこと」では、各エピソードに添える形で学術的な側面も取り上げ、現時点でのグリーフやペットロスへの関わりの、社会における客観的な立ち位置や必要性を示したつもりです。

ペットロスを抱えた家族に最初に直面する獣医師は、一人での診察が圧倒的多数という現実もあります。犬、猫、うさぎ、ハムスター、鳥、その他、対象となる種は多く、業務が多岐にわたり、家族への長期にわたるきめ細やかなケアは困難かもしれません。死別後、家族が動物病院に足を運ぶ理由はなくなっていきます。今後、動物医療と遺された家族の間を補完するペットロスケアの担い手は、ますます求められるでしょう。

気持ちの上では、もはや人とペットたちとの境目はなくなりつつあります。本書を通して、彼らから贈られた大きな愛を再確認し、人とペットたちが共生し、人に対してもペットに対しても、誰もがその心の痛みの横にそっといられる世の中になることを願うばかりです。

改めて、共著者の獣医師で日本グリーフ専門士協会の理事でもある先崎直子さんに、心から感謝します。また本書の執筆にあたり協力してくれた、同協会の村野直子さん、山内陽卯さん、白土千夏さん、川上寿美さん、牧野静子さん、力を貸してくれて本当にありがとうございます。

経験を共有してくれた仲間たち、わかちあいの会でご一緒くださった皆さん、そして、身をもって大切なことを教えてくれたペットたちに感謝の気持ちでいっぱいです。前作『大切な人を亡くしたあなたに知っておいてほしい5つのこと』に続き、ペットロスというテーマで執筆のご提案をくださり、素敵な本に仕上げてくださった自由国民社の上野茜さん、本当にありがとうございました。

本書では、想いを語ることの大切さもお伝えしてきました。他の人にはなかなか言えない、亡くなったペットたちへの想いを話したい、誰かと共有したいという方が無料で利用できるオンラインサイトが、グリーフサポート「IERUBA（イエルバ）」の「わかちあいの会」です。ゆっくり言葉にすることで、新しい何かに触れることがきっとできると信じています。今もグリーフ、ペットロスの渦中にいらっしゃる方のお力になれたら幸いです。

人も動物もいつか死ぬ。別れの「その日」は確実に訪れます。それでも一緒にいたいと思える存在に出会えたことに感謝したい。かつて、虹の橋へ旅立ったピーちゃん、ジャン、今そばにいてくれるむぎ、ぽて、人と共生してくれる動物たちに最大の愛を。

公認心理師／米国臨床心理学修士（MA）
（一社）日本グリーフ専門士協会代表理事　井手敏郎

話したい方へ

グリーフサポート IERUBA

学びたい方へ

グリーフケア／ペットロスケア入門講座

想い出ノート

想い出や伝えたいことを
書いてみましょう

______________に伝えたいこと

________________ の好きなところ

________________からのプレゼント

大切な想い出

引用・参考文献

井手敏郎. (2019). 死別悲嘆の理解とこれまでのモデルの検討：臨床サポートのための統合的なモデルを目指して [修士論文]. アライアント国際大学.

井手敏郎. (2020).『大切な人を亡くしたあなたに知っておいてほしい5つのこと』. 自由国民社.

内田恵理・三好陽子. (2008). 独居高齢者にペットがもたらす心理的効果. 医学と生物学, 152(7), 264–270.

遠藤織枝, 小林賢次, 三井昭子, 村木新次郎, & 吉沢靖. (2003). 使い方の分かる類語例解辞典. 小学館.

木全明子・眞茅みゆき. (2015). がん医療における動物介在活動の可能性と課題. ヒトと動物の関係学会誌, 42, 44–52.

木村祐哉. (2010). ペットロスに伴う悲嘆反応とその関連要因 [博士論文]. 北海道大学.

坂口幸弘・米虫圭子・梅木太志. (2018). ペットロス経験者のためのリーフレットの作成. Human welfare, 10, 93–102.

鈴木志津枝・内布敦子 (編). (2011). 緩和・ターミナルケア看護論 (第2版). ヌーヴェルヒロカワ.

竹下遥. (2006). ペットロスに関する研究——悲嘆と精神的ショックに関連する要因の検討. 臨床発達心理学研究, 5, 3–12.

正木治恵・山本信子. (2008). 高齢者の健康を捉える文化的視点に関する文献検討. 老年看護学, 13(1), 95–104.

鷲巣月美 (編). (1998). ペットの死，その時あなたは. 三省堂.

ウォーデン, J. W. (2008).『悲嘆カウンセリング：臨床実践ハンドブック』(山本力, 監訳). 誠信書房. (原著2002年出版)

ウォーデン, J. W. (2018).『悲嘆カウンセリング：臨床実践ハンドブック』(山本力, 監訳). 誠信書房. (原著2008年出版)

シュトレーベ, M. S., シュトローベ, W., ハンソン, R. O., & シュト, H. (編). (2014). 死別体験: 研究と介入の最前線. (森茂起・森年恵, 訳). 誠信書房.

Anderson, W. P., Reid, C. M., & Jennings, G. L. (1992). Pet ownership and risk factors for cardiovascular disease. The Medical Journal of Australia, 157(5), 298–301.

Carlisle, G. K., Johnson, R. A., Wang, Z., Bibbo, J., Cheak-Zamora, N., & Lyons, L. A. (2020). Exploratory study of cat adoption in families of children with autism: Impact on children's social skills and anxiety. Journal of Pediatric Nursing, 58, 28–35. https://doi.org/10.1016/j.pedn.2020.11.011

Centers for Disease Control and Prevention. (n.d.). Autism data and research. Retrieved December 2, 2024, from https://www.cdc.gov/autism/data-research/

Cordaro, M. (2012). Pet loss and disenfranchised grief: Implications for mental health counseling practice. Journal of Mental Health Counseling, 34(4), 283–294. https://doi.org/10.17744/mehc.34.4.41q0248450t98072

Doka, K. J. (2002). Disenfranchised grief. In Doka, K. J. (Ed.), Living with grief: Loss in later life (pp. 159–168). Washington, D.C.: The Hospice Foundation of America.

Klass, D., Silverman, P. R., & Nickman, S. L. (Eds.). (1996). Continuing bonds: New understandings of grief. Taylor & Francis.

Kramer, C. K., Mehmood, S., & Suen, R. S. (2019). Dog ownership and survival: A systematic review and meta-analysis. Circulation: Cardiovascular Quality and Outcomes, 12(10), e005554. https://doi.org/10.1161/CIRCOUTCOMES.119.005554

Mota, J., Rodrigues, L., Silva, G., & Ferreira, J. P. (2023). The impact of pet ownership on physical activity levels: A meta-analysis. Journal of Physical Activity and Health, 20(3), 150–161.

Nieburg, H. A., & Fischer, A. (1996). Pet loss: A thoughtful guide for adults and children. Harper Perennial.

Tedeschi, R. G., & Calhoun, L. G. (1996). The posttraumatic growth inventory: Measuring the positive legacy of trauma. Journal of Traumatic Stress, 9(3), 455–471. https://doi.org/10.1007/BF02103658

Zoellner, T., & Maercker, A. (2006). Posttraumatic growth in clinical psychology—A critical review and introduction of a two component model. Clinical Psychology Review, 26(5), 626–653. https://doi.org/10.1016/j.cpr.2006.01.008

先崎直子　Naoko SENZAKI

獣医師
一般社団法人 日本グリーフ専門士協会理事
アサーティブトレーナー（アサーティブヒューマンセンター認定）
ペットロスカウンセラー／ペットロス専門士／グリーフ専門士

麻布大学獣医学部獣医学科卒。獣医師として臨床現場で活動する中、病気の予防や治療のみならず、ペットと暮らす飼い主のさまざまな悩みに寄り添う必要性を感じ、ペットロス支援やグリーフケアを学ぶ。現在は日本グリーフ専門士協会にて、ペットロス専門士養成コースの講師を務めるほか、「わかちあいの会」やカウンセリングを通じて、ペットロスに向き合う方への支援を行っている。また、アサーティブトレーナーとしての知識を生かし、飼い主とペットが健康的で幸せな生活を送るためのトータルサポートを提供している。

井手敏郎　Toshiro IDE

公認心理師／米国臨床心理学修士（MA）
一般社団法人 日本グリーフ専門士協会代表理事
特定非営利活動法人 全国自死遺族総合支援センター理事
とうきょう自死遺族総合支援窓口スーパーバイザー
日本個人心理学会（アドラー心理学）理事

国内最大級のオンライン遺族支援サイト「IERUBA（イエルバ）」を運営。グリーフケアやペットロスケアに関する研修や研究を行いながら、遺された人のための「わかちあいの会」や個人カウンセリングを続けている。

著書
『大切な人を亡くしたあなたに知っておいてほしい5つのこと』（自由国民社）
『金融機関行職員のためのグリーフケアを意識した相続の手続きと上手な接遇方法』（近代セールス社）

虹の橋へ旅立った
あの子が教えてくれること

2025年1月31日　初版第1刷発行

著者　　先崎直子
　　　　井手敏郎

イラスト　Igloo*dining*
デザイン　吉村朋子
編集　　上野　茜

発行者　石井　悟
発行所　株式会社自由国民社
〒171-0033 東京都豊島区高田3-10-11
電話 03-6233-0781（営業部）
03-6233-0786（編集部）
https://www.jiyu.co.jp/
印刷所　新灯印刷株式会社
製本所　新風製本株式会社